Educación para la salud:
Malos hábitos alimentarios en los niños predispone al sobrepeso en adultos

Educación para la salud: Malos hábitos alimentarios en los niños predispone al sobrepeso en adultos

1.ª edición

Autores:

Sara M. Romero Luque
(Diplomada en Enfermería)

Francisco Domínguez Moreno
(Diplomado en Enfermería)

© 2012 Francisco Domínguez Moreno
Sara M. Romero Luque

ISBN: 978-1-291-26802-7

Los autores han adoptado todas las precauciones razonables para verificar la información que figura en la presente publicación, no obstante lo cual, el material publicado se distribuye sin garantía de ningún tipo, ni explícita ni implícita. El lector es responsable de la interpretación y el uso que haga de ese material, y en ningún caso los autores podrán ser considerados responsables de daño alguno causado por su utilización.

Prólogo

La educación para la salud es un tipo de educación cuyo objetivo final es la modificación en sentido favorable de los conocimientos, actitudes y comportamientos de salud de los individuos, grupos y colectivos. Por tanto puede ser individual, grupal y comunitaria.

Es un instrumento que tienen los profesionales y la población para conseguir de ésta la capacidad de controlar, mejorar y tomar decisiones respecto a su salud o enfermedad

La educación para la salud no se trata de informar y tampoco persuadir. Su finalidad no es que se lleven a cabo comportamientos definidos y prescritos por el "experto", sino facilitar que las personas desarrollen capacidades que les permitan tomar decisiones conscientes y autónomas sobre su propia salud.

Por lo tanto el objetivo de la educación para la salud, y por tanto de este libro es promover hábitos de vida saludables, informar a la población de las conductas positivas y negativas de la salud, ayudar a modificar comportamientos negativos para la salud, motivar para la modificación de conductas, capacitar a los individuos a tomar sus propias decisiones en el proceso de la salud y todo esto enfocado desde un punto de vista de la obesidad infantil y los malos hábitos de los niños en edad escolar.

En adelante nos referiremos a la educación para la salud como EpS.

Índice

- Prólogo 7
- Introducción 13
- Metodología e Instrumentos de Investigación 22
- Resultados 24
- Recomendaciones 30
- Limitaciones encontradas 38
- Conclusiones 39
- Apéndices 41
- Bibliografía 67

Introducción

Actualmente existe una gran preocupación por la salud y el peso de los niños, ya que cada vez existen más jóvenes con obesidad y esto acarrea más problemas para su bienestar.

Para el desarrollo del libro vamos a basar nuestra investigación en una pregunta de referencia:

¿En niños con sobrepeso que tienen unos malos hábitos dietéticos en la infancia frente a una alimentación basada en la dieta equilibrada y el ejercicio, predispone al sobrepeso en la edad adulta?

Desde 1980, la obesidad se ha doblado en todo el mundo. En 2008, 1500 millones de adultos tenían sobrepeso. En general, más de una de cada 10 personas de la población adulta mundial eran obesas [1].

En 2010, alrededor de 43 millones de niños menores de cinco años de edad tenían sobrepeso. Si bien el sobrepeso y la obesidad tiempo atrás eran considerados un problema propio de los países de desarrollado, actualmente ambos trastornos están aumentando en los países en vías de desarrollo, en particular en los entornos urbanos. En los países en desarrollo están viviendo cerca de 35 millones de niños con sobrepeso, mientras que en los países desarrollados esa cifra es de 8 millones.

Actualmente, el exceso de peso ha alcanzado proporciones epidémicas a nivel mundial, con más de mil millones de adultos que están excedidos de peso o son obesos; y los aumentos se han observado en todos los grupos de edad. Pero la obesidad se puede prevenir.

A continuación se puede observar un gráfico sobre la obesidad:

155 Millones de niños tiene sobrepeso de los que entre 30 y 45 millones son obesos según la IOTF

140 millones de niños (el doble que en la actualidad) estarán obesos en dos décadas

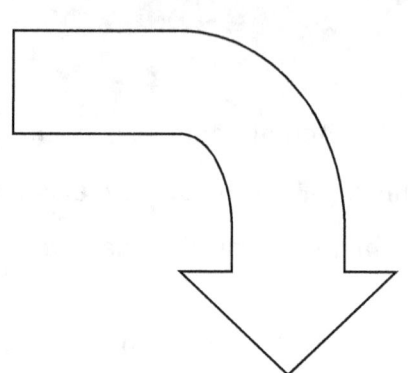

1600 Millones de personas, un tercio de la población mundial, tienen sobrepeso según la OMS

2300 millones de personas tendrán sobrepeso en 2015 según la OMS

300 Millones de personas están clínicamente obesas según la OMS, casi el equivalente a la población de EEUU:

700 millones de personas estarán clínicamente obesas en 2015 según la OMS

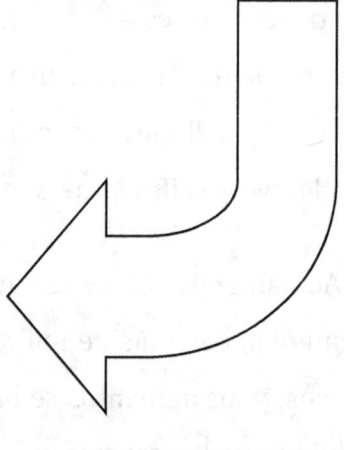

Fuente: INE, OMS, SEEDO, elaborado por elmundo.es

Podemos definir el sobrepeso y la obesidad como una acumulación anormal o excesiva de grasa que puede ser perjudicial para la salud y puede estar asociada a factores sociales, conductuales, culturales, fisiológicos, metabólicos y genéticos. El sobrepeso es una condición común, especialmente donde los suministros de alimentos son abundantes y predominan los estilos de vida sedentarios, donde la mayor parte de la población realiza trabajos que no requieren un gran esfuerzo físico.

Según la OMS [2], el sobrepeso implica un índice de masa corporal igual o superior a 25. El índice de masa corporal (IMC) es un indicador simple de la relación entre el peso y la talla que se utiliza frecuentemente para identificar el sobrepeso y la obesidad en los adultos. Se calcula dividiendo el peso de una persona en kilos por el cuadrado de su talla en metros (kg/m^2).

Pero el peso en sí no es el factor más importante, sino el tejido adiposo, es decir, el porcentaje de grasa acumulado en el cuerpo que puede llevar a sufrir una obesidad.

En el plano mundial, el sobrepeso y la obesidad están relacionados con un mayor número de defunciones que la insuficiencia ponderal. Por ejemplo, el 65% de la población mundial vive en países donde el sobrepeso y la obesidad se cobran más vidas que la insuficiencia ponderal (estos países incluyen a todos los de ingresos altos y la mayoría de los de ingresos medianos).

El sobrepeso y la obesidad son el quinto factor principal de riesgo de defunción en el mundo [3]. Cada año fallecen 2,8 millones de personas adultas como consecuencia del sobrepeso o la obesidad. Además, el 44% de la carga de diabetes, el 23% de la carga de cardiopatías isquémicas y entre el 7% y el 41% de la carga de algunos cánceres son atribuibles al sobrepeso y la obesidad.

La causa fundamental del sobrepeso y la obesidad es un desequilibrio energético entre calorías consumidas y gastadas [4]. En el mundo, se ha producido un aumento en la ingesta de alimentos hipercalóricos que son ricos en grasa, sal y azúcares pero pobres en vitaminas, minerales y otros micronutrientes; y un descenso en la actividad física como resultado de la naturaleza cada vez más sedentaria de muchas formas de trabajo, de los nuevos modos de desplazamiento y de una creciente urbanización.

A menudo los cambios en los hábitos de alimentación y actividad física son consecuencia de cambios ambientales y sociales asociados al desarrollo y a la falta de políticas de apoyo en sectores como la salud, agricultura, transporte, planeamiento urbano, medio ambiente, procesamiento, distribución y comercialización de alimentos, y educación.

A continuación, mostramos unas tablas donde se puede observar el número tan elevado de niños con exceso de peso según sexo, grupo de edad y comunidad autónoma en una población infantil entre 2-17 años:

Unidades: miles de personas

	Total	Normopeso o Peso insuficiente	Sobrepeso	Obesidad	No sabe/No contesta
AMBOS SEXOS					
Total	7041,8	3995,7	1030,6	493,5	1522
De 2 a 4 años	1361,7	672,2	133,2	146,1	410,2
De 5 a 9 años	2034,7	921,8	312,6	224,4	575,8
De 10 a 14 años	2288	1423,1	379	96	389,9
De 15 a 17 años	1357,4	978,5	205,8	26,9	146,1
VARONES					
Total	3596,2	1993,9	569,4	257,6	775,3
De 2 a 4 años	694,7	365,7	66,8	75	187,3
De 5 a 9 años	1027,3	484,5	144,2	111,9	286,8
De 10 a 14 años	1207,5	700,2	235,4	60,4	211,4
De 15 a 17 años	666,6	443,5	123	10,3	89,8
MUJERES					
Total	3445,6	2001,8	461,2	235,8	746,7
De 2 a 4 años	666,9	306,5	66,4	71,1	222,9
De 5 a 9 años	1007,4	437,4	168,4	112,5	289,1
De 10 a 14 años	1080,5	722,9	143,5	35,6	178,4
De 15 a 17 años	690,7	535,1	82,8	16,6	56,2

Unidades: porcentajes

	Total	Normopeso o Peso insuficiente	Sobrepeso	Obesidad
AMBOS SEXOS				
Total	100	72,39	18,67	8,94
Andalucía	100	68,34	19,71	11,95
Aragón	100	75,61	16,91	7,48
Asturias (Principado de)	100	71,62	23,82	4,56
Balears (Illes)	100	73,04	19,2	7,76
Canarias	100	60,98	23,14	15,88
Cantabria	100	71,75	21,24	7,01
Castilla y León	100	76,83	15,55	7,62
Castilla-La Mancha	100	68,45	26,01	5,54
Cataluña	100	76,83	16	7,17
Comunitat Valenciana	100	71,97	15,59	12,44
Extremadura	100	70,44	19,73	9,84
Galicia	100	75,03	19,81	5,16
Madrid (Comunidad de)	100	75,04	19,48	5,49
Murcia (Región de)	100	67,34	21,87	10,8
Navarra (Comunidad Foral de)	100	72,39	19,37	8,23
País Vasco	100	80,54	14,32	5,14
Rioja (La)	100	68,87	18,7	12,44
Ceuta y Melilla	100	70,43	15,38	14,19

VARONES				
Total	100	70,68	20,19	9,13
Andalucía	100	68,9	19,33	11,77
Aragón	100	73,87	15,8	10,33
Asturias (Principado de)	100	72,88	23,28	3,84
Balears (Illes)	100	71,47	19,88	8,65
Canarias	100	60,69	26,44	12,87
Cantabria	100	69,14	23,85	7,01
Castilla y León	100	75,54	15,29	9,16
Castilla-La Mancha	100	64,64	28,31	7,04
Cataluña	100	71,61	20,28	8,12
Comunitat Valenciana	100	71,83	16,36	11,81
Extremadura	100	65,34	22	12,67
Galicia	100	71,48	23,74	4,78
Madrid (Comunidad de)	100	72,95	21,94	5,11
Murcia (Región de)	100	62,52	22,46	15,02
Navarra (Comunidad Foral de)	100	76,37	18,42	5,22
País Vasco	100	81,61	12,69	5,7
Rioja (La)	100	69,44	22,27	8,29
Ceuta y Melilla	100	77,44	5,67	16,89

MUJERES				
Total	100	74,17	17,09	8,74
Andalucía	100	67,8	20,08	12,12
Aragón	100	77,54	18,14	4,32
Asturias (Principado de)	100	70,5	24,3	5,21
Balears (Illes)	100	75,34	18,19	6,47
Canarias	100	61,3	19,49	19,22
Cantabria	100	75,06	17,93	7,01
Castilla y León	100	78,21	15,82	5,97
Castilla-La Mancha	100	73,89	22,73	3,38
Cataluña	100	82,32	11,5	6,18
Comunitat Valenciana	100	72,12	14,76	13,12
Extremadura	100	77,12	16,75	6,13
Galicia	100	79,15	15,26	5,59
Madrid (Comunidad de)	100	76,95	17,21	5,83
Murcia (Región de)	100	71,8	21,32	6,89
Navarra (Comunidad Foral de)	100	68,07	20,41	11,52
País Vasco	100	79,51	15,92	4,58
Rioja (La)	100	68,3	15,19	16,51
Ceuta y Melilla	100	61,7	27,47	10,83

Notas:
1) Índice de masa corporal = [PESO(kg)/ ESTATURA(m) al cuadrado]
2) El símbolo '.' debe interpretarse como dato que no puede darse por poder estar afectado de errores de muestreo.

Fuente: Ministerio de Sanidad y Consumo e INE

Un IMC elevado es un factor importante de riesgo de enfermedades no transmisibles, como las enfermedades cardiovasculares (principalmente cardiopatía y accidente cerebrovascular)[5] que en 2008 fueron la causa principal de defunción, la diabetes, los trastornos del aparato locomotor (en especial la osteoartritis, una enfermedad degenerativa de las articulaciones muy discapacitante), y algunos cánceres (como el de endometrio, mama y colon). Es importante tener esto presente porque el riesgo de contraer estas enfermedades no transmisibles crece con el aumento del IMC.

Por todo ello, es esencial que nos planteemos: si la obesidad y el sobrepeso pueden llevar a sufrir estas enfermedades no transmisibles, ¿qué les puede suceder a los niños que tienen un exceso de peso? ¿Tendrán obesidad o sobrepeso cuando sean adultos? ¿Qué efectos acarreará el hecho de que gran parte de su vida tengan exceso de peso?

Metodología e Instrumentos de Investigación

Para poder responder a estas cuestiones, hemos utilizado documentos bibliográficos y datos secundarios procedentes de fuentes estadísticas oficiales, bases de datos y anteriores investigaciones.

La técnica utilizada ha sido la revisión y análisis de bibliografía publicada referente a la temática del estudio.

Se realizaron búsquedas de información a través de diferentes bases de datos:

- Para buscar revisiones sistemáticas usamos la Biblioteca Cochrane Plus, JBI Connect, Health Evidence Canadá y Campbell Library, además de PubMed Health, PubMed y PubMed PICO.
- Para analizar guías sobre la obesidad infantil, consultamos Guía Salud y NICE. Para saber si una guía de práctica clínica presenta rigurosidad y calidad en su evaluación, diseño e implementación, usaremos AGREE.

En lo que respecta al uso de la Biblioteca Cochrane Plus, hemos introducido como palabra clave "obesidad" y hemos marcado las revisiones Cochrane, obteniendo 20 resultados y sólo dos de nuestro interés, puesto que hablan sobre intervenciones para prevenir y tratar la obesidad infantil, siendo de 2005 y 2009 respectivamente. Además, hemos introducido como palabra clave "obesidad infantil", obteniendo un resultado en revisiones Cochrane, que se trata de la misma revisión anterior de 2009. Y por último, tecleamos como palabra clave "estudio cohorte obesidad", obteniendo un resultado sobre "La obesidad en la edad adulta es un potente predictor de la mortalidad"[6].

En cuanto a la búsqueda en JBI Connect, introducimos como palabra clave "obesity" AND "children", y como tipo añadimos "revisiones sistemáticas", obteniendo un resultado: Systematic review of interventions in the management of overweight and obese children which include a dietary component[7].

En Campbell Library, introducimos como keywords y Title, "obesity" y "children obesity", pero no encontramos resultados.

Y por último en PubMed, PubMed Health y PubMed PICO, introducimos como palabras claves "obesity", "children obesity", "childhood obesity", "children AND obesity". Obteniendo innumerables resultados, pero es de nuestro interés: Chilhood obesity: a life-long health risk [8]. Además, realizamos otra búsqueda en PubMed, pero en esta ocasión con la palabra MeSH "obesity", y como Subheadings: "Obesity/complications" OR "Obesity/diet therapy" OR "Obesity/etiology" OR "Obesity/prevention and control" AND "Obesity/complications" OR "Obesity/diet therapy" OR "Obesity/etiology" OR "Obesity/prevention and control", y restringiendo la búsqueda a MeSH Major Topic; obteniendo numerosos resultados, pero sólo uno de nuestro interés: Obesity risk in urban adolescent girls: nutritional intentions and health behavior correlates [9].

Resultados

A continuación, procedemos a realizar una redacción lógica del problema analizado y exponemos las distintas soluciones que aportan los resultados de investigación encontrados.

A partir de toda la información encontrada, analizada y revisada podemos responder con absoluta certeza a la pregunta de indagación:

¿En niños con sobrepeso seguir unos malos hábitos dietéticos en la infancia frente a una alimentación basada en la dieta equilibrada y el ejercicio, predispone al sobrepeso en la edad adulta?

En efecto, los niños que siguen durante su infancia una vida sedentaria con unos malos hábitos dietéticos tienen mayor probabilidad de sufrir sobrepeso u obesidad cuando sean adultos. Es más, los niños que son obesos a la edad de 6 años tienen un 27% de probabilidad de ser obesos cuando sean adultos y los niños que son obesos a los 12 años, esta probabilidad aumenta al 75%. Y el 86% de quienes llegaron a la pubertad en esa condición, tienen una alta probabilidad de mantenerse así el resto de su vida. Esto se explica porque las células que almacenan grasa se multiplican en esta etapa de la vida por lo cual aumenta la posibilidad del niño de ser obeso cuando sea adulto.

Niños obesos a los 6 años ⟶ 27% probabilidad obesidad adulta
Niños obesos a los 12 años ⟶ 75% probabilidad obesidad adulta
Niños obesos en la pubertad ⟶ 86% probabilidad obesidad adulta

En menores con obesidad se ha constatado que un índice de masa corporal aumentado se asocia con concentraciones elevadas de colesterol total, colesterol ligado a lipoproteínas de baja densidad (LDL-c), apolipoproteínas B y triglicéridos y concentraciones bajas de colesterol ligado a lipoproteínas de alta densidad (HDL-c) y apolipoproteínas A (apo-A). Parece existir ya una tendencia a la agrupación de los diversos factores de riesgo cardiovascular a edades tempranas. Y se ha constatado la presencia de asociación entre un IMC elevado en la infancia-adolescencia y una mayor incidencia de enfermedad isquémica coronaria en la edad adulta.

Según Barton [10], la obesidad acelera la progresión de la aterosclerosis en niños y adultos jóvenes. Y respecto a los cambios fisiopatológicos en la musculatura, hay sorprendentes similitudes entre los cambios fisiológicos relacionados con anomalías relacionadas con la obesidad y el envejecimiento, ya que la obesidad provoca envejecimiento vascular "prematura".

Además, los niños con un 15% de sobrepeso tienen alteraciones ortopédicas, dificultad para estar erguidos, alteraciones de alineación de columna y extremidades debido al enorme depósito de grasa abdominal. En la pubertad, con un 20% de sobrepeso, hay restricción pulmonar, disminuye la movilidad diafragmática, la ventilación es superficial y la oxigenación menor. Al hacer ejercicio, el niño/a se fatiga rápidamente porque el corazón late más veces por minuto de lo normal, los pulmones ventilan inadecuadamente y si continúa la actividad, pueden aparecer calambres, dolor por fricción del hígado con las costillas y otras complicaciones.

Pero además, si un niño llega a ser un adulto con sobrepeso, esto puede afectar a la fertilidad, ya que tener 9 kg de más aumenta en un 10% las posibilidades de ser estéril.

A continuación, mostramos una tabla donde podemos ver el ejercicio físico en el tiempo libre en una población infantil de 0 a 15 años según sexo y grupo de edad:

Unidades: porcentajes

	Total	No hace ejercicio	Hace alguna actividad física o deportiva ocasional	Hace actividad física varias veces al mes	Hace entrenamiento deportivo o físico varias veces a la semana	No consta
AMBOS SEXOS						
Total	6910,3	1317,1	2741,8	1436,6	1201,3	213,5
De 0 a 4 años	2180	817,1	1055,5	149,6	44,1	113,8
De 5 a 9 años	2034,7	189,1	845,7	534,6	421,5	43,8
De 10 a 15 años	2695,7	310,9	840,6	752,4	735,7	55,9
VARONES						
Total	3551,7	606,8	1258,5	778,8	806,9	100,7
De 0 a 4 años	1109,1	424,7	526,8	77	28,5	52
De 5 a 9 años	1027,3	60,5	369,5	295	273,3	29,1
De 10 a 15 años	1415,3	121,6	362,1	406,8	505,1	19,6
MUJERES						
Total	3358,7	710,3	1483,4	657,8	394,4	112,8
De 0 a 4 años	1070,9	392,4	528,6	72,6	15,6	61,7
De 5 a 9 años	1007,4	128,6	476,2	239,6	148,2	14,8
De 10 a 15 años	1280,4	189,3	478,5	345,6	230,7	36,3

Notas:
1) El símbolo '.' debe interpretarse como dato que no puede darse por poder estar afectado de errores de muestreo.

Fuente: Ministerio de Sanidad y Consumo e INE

Una persona que en su infancia no ha llevado una vida sana, tendrá dificultades a la hora de cambiar sus hábitos cuando sea adulto. Esto conduce irremediablemente a una sobrealimentación con todas sus terribles consecuencias.

¿Pero por qué está sucediendo esto, hasta el punto de que la OMS ha calificado de alarmante el sobrepeso en los niños?

Es porque ¿los padres desatienden a sus hijos o son un mal ejemplo para ellos? ¿Es porque los niños pasan muchas horas delante del ordenador o del televisor y se alimentan de comida rápida?

Existen diversas razones por las cuales un niño llega a ser obeso:

- Sobrealimentación: Se ha aumentado el consumo de hidratos de carbono refinados y de grasas saturadas. Además, existe una falta de preparación de alimentos en el hogar, lo que da lugar al aumento desmedido del consumo de alimentos industrializados. Muchos padres no controlan las raciones y la calidad de los alimentos, y no dedican un tiempo para sentarse a comer, llevan horarios alterados. También existe la creencia errónea de que si no desayunas, no engordas, pero ocurre lo contrario. Muchas personas tienen falta de conocimientos para poder decidir los tipos y las porciones adecuadas de alimentos, además de que hay un menor consumo de alimentos altos en fibra como frutas y verduras, y un aumento del consumo de sal.

Podemos ayudarnos de la pirámide de alimentos para decidir qué debemos comer más a menudo.

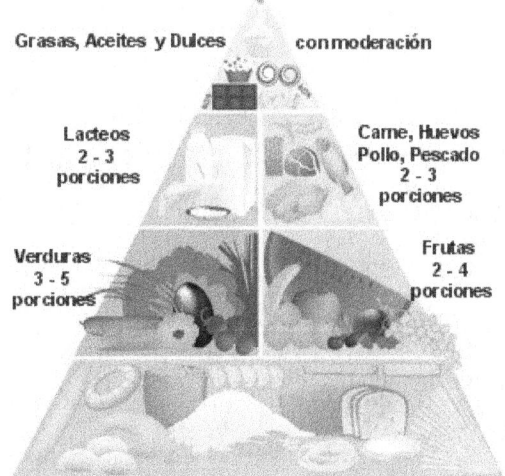

- Sedentarismo: se ha producido una disminución de la actividad física y las actividades recreativas que impliquen ejercicio, y un incremento en el tiempo dedicado al ordenador, televisión y videojuegos. Muchos niños realizan actividades sedentarias durante más de tres horas al día.

- Situación hormonal: existe un número de casos (menos del 5 %) en que la obesidad es secundaria a enfermedades endocrinas o genéticas específicas.

- Situación psicosociales y ambientales: existe mayor probabilidad de que los niños presenten un exceso de peso en el caso de hijos de familias en las que ambos padres trabajan, o que los padres sean solteros, niños con aislamiento social y problemas afectivos o hijos con padres que tienen largas jornadas de trabajo y que están alejados de casa por largos períodos.

- Factores hereditarios: está demostrado que los hijos de padres obesos tienen mayor probabilidad de ser obesos, especialmente si ambos padres lo son.

- Otros factores que pueden influir son: el sexo, el riesgo de convertirse en adolescentes con sobrepeso u obesidad es mayor en mujeres que en hombres. Niños que al nacer han tenido peso alto o bajo, o que fueron destetados pronto y consumen alimentos industrializados con alta densidad calórica también son propensos al exceso de peso, al igual que afecta el consumo de tabaco de manera activa o pasiva.

Además, debemos mencionar el hecho de que el sobrepeso y la obesidad infantil están provocando la aparición de diversas enfermedades que anteriormente sólo se veían en la población adulta. En un estudio que lleva acabo el Hospital Infantil de México "Federico Gómez", en niños con sobrepeso y obesidad de 4 a 18 años de edad, se observó que de 100 niños estudiados el 16%

son hipertensos, 50% tienen problemas de hipertensión, altos niveles de triglicéridos y colesterol, lo que se conoce como síndrome metabólico.

Por otro lado, en los países industrializados el sobrepeso está muy extendido y se percibe como poco estético debido a los cánones de belleza actuales. Hoy en día, los libros, las revistas, los programas de televisión y las páginas web nos proporcionan información para luchar contra el sobrepeso de la manera más apropiada, sin embargo las cifras no dejan de aumentar, ¿qué es lo que se está haciendo mal? ¿Se debe seguir con el mismo método llevado hasta ahora?

Las recomendaciones que se están dando son practicar deporte y llevar una dieta saludable y balanceada. Incluso, en los casos de obesidad grave, se toman medicamentos para disminuir la absorción de grasa o se practican intervenciones quirúrgicas, ya sea para disminuir la grasa corporal o para reducir el estómago. Especialmente en el mundo de la moda y del espectáculo, donde la imagen juega un papel muy importante, se practica cada vez más la cirugía estética, tanto en casos de sobrepeso leve como en casos en los que, aún teniendo un peso normal, las personas afectadas no se sienten bien con su cuerpo.

Cuando el sobrepeso va acompañado de un trastorno alimentario, como por ejemplo el atracón compulsivo, los medicamentos para combatirlo no surten efecto si al mismo tiempo el problema no se trata desde una perspectiva psicológica.

Por todo esto, hoy en día, la educación en lo que se refiere a Salud y Nutrición, juega un papel fundamental en el enfrentamiento a la problemática del sobrepeso. Un programa de nutrición y deporte fomenta el cambio de conducta contribuyendo a una sensibilización motivacional dando a conocer los beneficios de salud a corto y largo plazo.

El llevar a cabo una actividad física regular favorece el aumento en la masa muscular y la disminución en la masa grasa, dando como resultado una mejoría en el estado de salud, disminuyendo o manteniendo el peso corporal y por lo tanto evitando la aparición de enfermedades crónicas como la Hipertensión, Diabetes Mellitus y Enfermedad Cardiovascular.

Recomendaciones

¿Qué soluciones podemos llevar a cabo? ¿Y cómo podemos parar las cifras de niños con sobrepeso?

En primer lugar, debemos hacer partícipes a la población del problema y dar más información sobre el tratamiento a seguir: dieta, ejercicio y seguimiento médico.

Además de reconocerlo, la acción inicial más importante.

Para un niño con sobrepeso, el tratamiento, además de la pérdida de peso, es diseñar un programa de alimentación y ejercicio que le permita perder grasa pero no músculo porque se detendrá su crecimiento y se alentará su entrada a la pubertad.

Es decir, deberá seguir una actividad física de moderada a vigorosa la mayoría de los días de la semana, al menos una hora al día.

Por otro lado, los niños deberán de aprender de los padres costumbres de alimentación, como la cantidad, la calidad y el tiempo para comer entre otros hábitos, al igual que sus hábitos recreativos, como el ejercicio. Por ello, es imprescindible que los padres den ejemplo a sus hijos y sigan una dieta equilibrada y una vida sana.

La Academia Americana de Pediatría recomienda limitar el tiempo de televisión, ordenador y videojuegos a menos de 1-2 horas al día, para así provocar una mayor actividad física. Se deben evitar más de 3 horas diarias de actividades sedentarias.

Los padres decidirán el tiempo para las comidas, al igual que los tipos de comidas y bebidas a ingerir. Los niños, por su parte, deberán escoger la cantidad que consumirán. Aunque debemos prestar atención al tamaño de la porción y servir proporciones adecuadas para el tamaño de los niños y su edad.

La dieta tendrá cierto contenido de calorías pero completa, equilibrada, variada e individual.

Se deben preferir alimentos elaborados en casa a los industrializados, evitando los ricos en harinas y grasas y las bebidas azucaradas. En casa debemos de tener una amplia variedad de comidas nutritivas tales como frutas y vegetales en vez de comida alta en energía y baja en nutrientes como aperitivos salados, helado, comidas fritas, galletas y bebidas endulzadas.

Utilizar productos diarios sin grasa o bajos en grasa como fuentes de calcio y proteína y limitar los refrigerios durante las conductas sedentarias o en respuesta al aburrimiento, y particularmente restringir el uso de bebidas endulzadas como refrigerios.

Otra medida a seguir es el no colocar televisores en las habitaciones de los niños, y tener comidas familiares regulares para promover la interacción social y modelar el papel de la conducta relacionada con la comida, y que los niños ayuden y sean partícipes de la compra semanal para que aprendan los diferentes tipos de alimentos y sus características.

Además, para conseguir que el tratamiento tenga éxito, debemos intentar que la comunidad y el entorno sean favorables. Ya que la responsabilidad individual solamente puede tener pleno efecto cuando las personas tienen acceso a un modo de vida saludable [11]. Por consiguiente, en el plano social es importante dar apoyo a las personas en el cumplimiento de las recomendaciones mencionadas más arriba, mediante un compromiso político sostenido y la colaboración de las múltiples partes interesadas públicas y privadas, y lograr que la actividad física periódica y los hábitos alimentarios más saludables sean económicamente asequibles y fácilmente accesibles para todos, en particular las personas más pobres.

Además, se puede llevar a cabo una revisión de la dieta de los comederos escolares para que ésta sea equilibrada y saludable, aunque ya se está llevando a cabo en numerosos centros educativos.

Por su parte, la industria alimentaria puede desempeñar una función importante en la promoción de una alimentación saludable, reduciendo el contenido de grasa, azúcar y sal de los alimentos elaborados, asegurando que todos los consumidores puedan acceder física y económicamente a unos alimentos sanos y nutritivos, poner en práctica una comercialización responsable, y asegurar la disponibilidad de alimentos sanos y apoyar la práctica de una actividad física periódica en el lugar de trabajo.

¿Qué está sucediendo en otros países?

Las cifras de obesidad han aumentado a nivel mundial. Por ejemplo, el 64% de la población adulta de los Estados Unidos se considera con sobrepeso u obesidad, y este porcentaje ha aumentado durante las últimas cuatro décadas.

Sin embargo, muchos países de ingresos bajos y medianos actualmente están afrontando una "doble carga" de morbilidad. Mientras continúan lidiando con los problemas de las enfermedades infecciosas y la desnutrición, estos países están experimentando un aumento brusco en los factores de riesgo de contraer enfermedades no transmisibles como la obesidad y el sobrepeso, en particular en los entornos urbanos y no es raro encontrar la desnutrición y la obesidad coexistiendo en un mismo país, una misma comunidad y un mismo hogar.

En los países de ingresos bajos y medianos, los niños son más propensos a recibir una nutrición prenatal, del lactante y del niño pequeño insuficiente. Al mismo tiempo, están expuestos a alimentos hipercalóricos ricos en grasa, azúcar y sal y pobres en micronutrientes, que suelen ser poco costosos. Estos hábitos alimentarios, juntamente con una escasa actividad física, tienen como resultado un crecimiento brusco de la obesidad infantil, al tiempo que los problemas de la desnutrición continúan sin resolver.

Incluso la OMS ha dado una respuesta [12]. En la Asamblea Mundial de 2004, se adoptó una Estrategia mundial sobre régimen alimentario, actividad física y salud, que expone las medidas necesarias para apoyar una alimentación saludable y una actividad física periódica. La Estrategia exhorta a todas las partes interesadas a adoptar medidas en los planos mundial, regional y local para mejorar los regímenes de alimentación y actividad física entre la población.

La OMS ha establecido el "Plan de acción 2008-2013 de la estrategia mundial para la prevención y el control de las enfermedades no transmisibles" con miras a ayudar a los millones de personas que ya están afectados por estas enfermedades que duran toda la vida, para que puedan afrontarlas y prevenir las complicaciones secundarias. El Plan de acción se basa en el Convenio Marco de la OMS para el Control del Tabaco y la Estrategia mundial de la OMS sobre régimen alimentario, actividad física y salud, y proporciona una hoja de ruta para establecer y fortalecer iniciativas de vigilancia, prevención y tratamiento de las enfermedades no transmisibles.

Pero, según la información que hemos encontrado, ¿podemos llevar a la práctica un cambio de conducta saludable?

En efecto, según los autores Groth y Morrison-Beedy de "Obesity risk in urban adolescent girls: nutricional intentions and health behavior correlates" [13], los comportamientos saludables tienden a ocurrir en grupos. Por ello, es posible que las enfermeras puedan intervenir con adolescentes de alto riesgo mediante la promoción de una alimentación sana, recomendada a los niveles de actividad física y sueño adecuado, visto desde un plano de grupo, en vez de manera individual; y además, se deberían realizar programa de cribado para identificar lo antes posible el problema.

En los adultos, es muy importante que vean y sean conscientes de que el cambio de conducta es una prioridad, ya que el sobrepeso y la obesidad reduce la esperanza de vida en un 115% si son mujeres y un 81% si son hombres antes de los 70 años, tal y como se explica en el estudio de cohortes "La obesidad en la edad adulta es un potente predictor de la mortalidad" [14].

Pero debemos de "atacar" el problema desde diferentes frentes: en el ámbito escolar, en el sanitario, en el comunitario y en el ámbito familiar; realizando intervenciones en el estilo de vida (intervenciones dietéticas, actividad física, disminución del sedentarismo, tratamiento psicológico o intervenciones combinadas), intervenciones farmacológicas (con el uso de sibutramina, orlistat, rimonabant y metformina) o cirugía (como el balón intragástrico o la cirugía bariátrica).

En cuanto a los colegios, aparte de revisar las dietas del comedor, se deberían de plantear introducir más horas de educación física a la semana, donde el ejercicio sea adecuado a la edad. Ya que como señalan Dobbins, DeCorby, Robeson, Husson y Tirilis autores de "School-based physical activity programs for promoting physical activity and fitness in children and adolescents aged 6-18" [15], el ejercicio no presenta efectos nocivos, sólo positivos, por ello se debería promover la actividad física en las escuelas.

O tal y como dice la Guía de Práctica Clínica sobre la Prevención y el Tratamiento de la Obesidad Infantojuvenil [16], la escuela debe promover la educación física y la actividad deportiva dentro y fuera de ésta, incluyendo programas educativos orientados a la mejora de la dieta, la actividad física y la disminución del sedentarismo, que incluyan a la familia y al personal académico.

Las intervenciones escolares deben ser mantenidas en el tiempo, a lo largo de los cursos escolares y continuadas fuera del ámbito escolar. En la escuela es necesario crear un entorno dietético saludable, disminuyendo la accesibilidad a alimentos de elevado contenido calórico (máquinas expendedoras) y facilitando el consumo de alimentos saludables. Tanto las familias como los profesionales que trabajan en la escuela deben estar incluidos en los programas escolares de educación sanitaria y fomentar actividades en el ámbito escolar dirigidas a disminuir el tiempo destinado a ver la televisión, jugar con videojuegos, el ordenador o el teléfono móvil.

De todas formas, para llevarlo a la práctica se debe de tener en cuenta las circunstancias sociales, étnicas y económicas y las variaciones de los recursos disponibles de la administración de servicios de salud.

¿Qué barreras podemos encontrar a la hora de llevar a cabo su aplicación?

Sobretodo falta de motivación y voluntad, ya que para un niño y sobre todo si es muy joven, no va a querer seguir una dieta o hacer ejercicio, él querrá jugar y comer lo mismo que sus amistades; además lo verá como una obligación, haciendo que disminuyan las ganas de realizarlo. Y en cuanto a los padres, si tienen largas jornadas de trabajo, les va a resultar muy difícil llevar a la práctica el tratamiento adecuado para este problema de salud.

En cuanto al análisis de variabilidad en sus tres ámbitos de hipótesis de la distinta demanda, distinta oferta e incertidumbre o ignorancia, ¿qué está sucediendo?

En la distinta demanda, no todos los padres de niños con sobrepeso exigen a los profesionales la educación o información que deberían tener para llevar a cabo un buen cambio de actitud, tienen la atención centrada en la pérdida de peso, sin darse cuenta de que el problema tal vez esté en la vida sedentaria que lleva su hijo, o en que por culpa de los horarios de trabajo, su hijo a menudo tiene que comer solo y opta por pedir comida rápida; por esto, es muy importante que los padres sean informados de todo lo que puede influir en la alimentación de un hijo, como el entorno, la familia, el colegio, las amistades, etc.

En cuanto a la distinta oferta, se ha optado por dar Educación para la salud a menudo individualmente, pero tal vez haga falta realizar más tareas grupales, para que los niños refuercen su autoestima y se sientan como miembro más de un grupo, y así entre ellos se animen y consigan el objetivo principal, que es llevar una vida sana.

Las intervenciones para promover una alimentación saludable y fomentar la actividad física deben favorecer una imagen positiva del propio cuerpo y ayudar a construir y reforzar la autoestima de los menores. Se recomienda prestar especial cuidado para evitar la estigmatización y la culpabilización de los menores con sobrepeso o de sus familiares.

Y en incertidumbre o ignorancia, puede influir la ignorancia de los profesionales, y esto se puede conseguir mediante los distintos niveles de formación, o realizando jornadas o sesiones de formación para darles a conocer todos los métodos y maneras que se pueden usar para poder llegar a los niños y a los padres de una forma más clara, y las diferentes opciones que existen para perder peso.

Para apoyar la labor educativa del personal sanitario, los servicios sanitarios públicos deben facilitar materiales escritos o audiovisuales de apoyo para los profesionales y las familias, con contenidos no discriminatorios y adaptados culturalmente a distintos colectivos sociales.

¿Pero qué modalidad de intervención se está siguiendo en los centros de salud por ejemplo?

Existen profesionales que se basan sólo en la Educación para la Salud, otros que no educan pero dan folletos informativos sobre el problema, otros que dan unas pautas y realizan después un seguimiento telefónico para conocer los avances, etc.

Limitaciones encontradas

En algunas revisiones, el tamaño de la muestra es pequeño, con posibilidad de sesgos de estudios pequeños, tasas de abandono relativamente altas y mediciones de resultado no ajustadas. Además, los resultados pueden ser no generalizables debido a problemas de muestreo, ya que la mayoría de las investigaciones se realizaron en poblaciones caucásicas motivadas, de clase media; así como el hecho de no abordar y medir los factores psicológicos y sociales en los estudios de intervención obstaculiza el potencial para la efectividad de la intervención; y con excepción de los ensayos de fármacos, los efectos adversos de las intervenciones se consideraron con poca frecuencia, y también es limitado el informe de los resultados después de un año.

Además, existen algunas preguntas que aún no se han podido responder, como: ¿Qué intervenciones son más efectivas en diferentes niveles de gravedad de la obesidad y en diferentes edades y etapas de desarrollo?; ¿Qué estrategias son más efectivas para el mantenimiento a largo plazo del peso saludable o la reducción de peso después de un tratamiento inicial de la obesidad?; ¿Cuáles son las características familiares que promueven el éxito en el tratamiento de la obesidad en niños y adolescentes?; ¿Qué intervenciones son más efectivas para grupos étnicos específicos, religiones o poblaciones culturalmente diversas?; ¿Cuál es la función de los factores psicológicos y sociales tales como la autoestima, la capacidad de la familia para cambiar la conducta en el tratamiento y el control de la obesidad en los niños y los adolescentes?; ¿Cuáles son los métodos más efectivos en función de los costos y los recursos del tratamiento de la obesidad en niños y adolescentes en diferentes contextos de asistencia sanitaria?; ¿Cuál es la función de la cirugía bariátrica en el tratamiento de adolescentes con obesidad grave?; o ¿Cuáles son los daños y los beneficios potenciales de las diferentes intervenciones?.

Conclusiones

Uno de cada 4 a 5 niños es obeso, mientras que uno de cada 3 está en riesgo de serlo y uno de cada diez niños es obeso al llegar a los 10 años. Un niño obeso tiene 12.6 más probabilidades de tener diabetes mellitus y 9 veces más probabilidades de ser hipertenso a edad temprana que niños no obesos.

El problema está en que por más que se les enseñe a las familias hábitos de vida saludables, los casos de sobrepeso infantil van en aumento como hemos podido constatar en la bibliografía consultada [17, 18, 19, 20, 21].

Como ya hemos mencionado con anterioridad, es muy importante que entre todos consigamos descender el número de niños con sobrepeso ya que la obesidad infantil se asocia con una mayor probabilidad de obesidad, muerte prematura y discapacidad en la edad adulta. Pero además de estos mayores riesgos futuros, los niños obesos sufren dificultad respiratoria, mayor riesgo de fracturas e hipertensión, y presentan marcadores tempranos de enfermedad cardiovascular, resistencia a la insulina y efectos psicológicos.

Debemos hacer frente al sobrepeso desde el ámbito escolar, sanitario, comunitario y ámbito familiar.

Por otro lado, tenemos que tener en cuenta que todas las investigaciones que se hagan sobre el tema, no tendrán valor si no modificamos la práctica clínica y producimos cambios en el comportamiento de los profesionales incorporando los nuevos descubrimientos a su práctica habitual. Para ello, debemos producir el conocimiento, transmitirlo y lo más importante, aplicarlo.

Los gobiernos, las organizaciones no gubernamentales, la industria y los cuerpos de investigación deben reconocer que la obesidad en los niños y los adolescentes ha alcanzado proporciones epidémicas y, como tal, necesita recursos equivalentes en la prevención y tratamiento para lograr un cambio para los individuos, las familias y la población.

El tratamiento de la obesidad en los niños y los adolescentes sigue siendo una ciencia relativamente nueva que requiere una revisión minuciosa de la base de pruebas en cuanto a lo que parece ser efectivo así como programas de investigación innovadores cuidadosamente diseñados y evaluados.

El coste-efectividad de los programas de tratamiento para los niños y sus familias debe incorporarse en los programas de acción investigativa o no investigativa. Las medidas del coste necesitan incluir los costos imprevistos del niño, la familia y la comunidad a corto y largo plazo.

Las medidas de resultado a corto y largo plazo adecuados necesitan ser definidas para los niños y los jóvenes en diferentes niveles de peso, en lugar de utilizar resultados convencionales u orientados a adultos. La pérdida de peso (o falta de aumento) no puede ser una medida apropiada de las intervenciones terapéuticas para los niños en etapa de crecimiento y tales conductas como la actividad física habitual, la buena alimentación y los resultados psicosociales mejorados tienen probabilidad de ser más significativos, hasta que su crecimiento y desarrollo se estabilicen [22].

Las intervenciones tienen probabilidad de ser más relevantes, exitosas y menos perjudiciales si las mismas se prueban previamente con grupos similares a aquellos que van a recibir la intervención.

Apéndices

Appendices

Anexo I

Propósito del Instrumento AGREE II[23]

Las guías de práctica clínica son recomendaciones elaboradas sistemáticamente para ayudar a la toma de decisiones entre profesionales de la salud y pacientes, respecto a los cuidados en salud en circunstancias clínicas específicas.

Además, las guías pueden jugar un papel importante en la elaboración de políticas de salud y han evolucionado para cubrir los temas a todo lo largo del continuum asistencial (ej. promoción de salud, cribado, diagnóstico).

Los beneficios potenciales de las guías son tan buenos como la calidad de las guías. Son importantes metodologías adecuadas y estrategias rigurosas en el proceso de elaboración de la guía para una exitosa implementación de las recomendaciones resultantes. La calidad de las guías puede ser extremadamente variable y en ocasiones no satisfacen los estándares básicos.

El Instrumento para la Evaluación de Guías de Práctica Clínica (AGREE) se desarrolló para examinar el tema de la variabilidad en la calidad de las guías.

Con este objetivo, el Instrumento AGREE es una herramienta que evalúa el rigor metodológico y la transparencia con la cual se elabora una guía.

El Instrumento AGREE original ha sido refinado, de lo cual ha resultado el nuevo AGREE II, que incluye un nuevo Manual del Usuario.

El objetivo del AGREE II es ofrecer un marco para:

- Evaluar la calidad de las guías.

- Proporcionar una estrategia metodológica para el desarrollo de guías.

- Establecer qué información y cómo debe ser presentada en las guías.

El AGREE II reemplaza al instrumento original como la herramienta preferida y puede utilizarse como parte de las estrategias generales de calidad destinadas a mejorar los cuidados en salud.

Historia del proyecto AGREE

El Instrumento AGREE original fue publicado en 2003 por un grupo internacional de investigadores y elaboradores de guías, la Colaboración AGREE. El objetivo de la Colaboración fue desarrollar una herramienta para evaluar la calidad de las guías.

La Colaboración AGREE definió la calidad de las guías como la confianza en que los sesgos potenciales del desarrollo de guías han sido resueltos de forma adecuada y en que las recomendaciones son válidas tanto interna como externamente y son aplicables a la práctica. La evaluación incluye juicios acerca de los métodos utilizados en el desarrollo de las guías, el contenido de las recomendaciones finales y los factores relacionados con su adopción.

El resultado del esfuerzo de la Colaboración fue el Instrumento AGREE original, una herramienta de 23 ítems incluidos en 6 dominios de calidad. El Instrumento AGREE ha sido traducido a muchos idiomas, ha sido citado en más de 100 publicaciones y está respaldado por varias organizaciones para el cuidado de la salud.

GENERALIDADES

Como con cualquier nueva herramienta de evaluación, se reconoció que podrían ser precisos futuros desarrollos para fortalecer las propiedades métricas del instrumento y asegurar su empleo y aplicabilidad entre sus potenciales usuarios. Esto llevó a varios miembros del equipo original a formar el consorcio «AGREE Next Steps Consortium». Los objetivos del consorcio eran mejorar aún más las propiedades métricas del instrumento, incluyendo su fiabilidad y validez;

refinar los ítem del instrumento para servir mejor a las necesidades de los usuarios potenciales, y mejorar la documentación de apoyo (ej. el manual de formación y guía del usuario original) para facilitar la capacidad de los usuarios para implementar el instrumento con confianza.

El resultado de estos esfuerzos es el AGREE II, el cual está compuesto por el nuevo Manual del Usuario y una herramienta de 23 ítems organizados en los seis mismos dominios. El Manual del Usuario es una modificación significativa del manual de formación y guía del usuario original y proporciona información explicita para cada uno de los 23 ítem.

APLICACIÓN DEL AGREE II

¿Qué guías pueden ser evaluadas con el AGREE II?

Al igual que el instrumento original, el AGREE II está diseñado para evaluar guías desarrolladas por grupos locales, regionales, nacionales o internacionales, así como por organizaciones gubernamentales. Esto incluye versiones originales de guías y actualizaciones de guías existentes.

El AGRREE II es genérico y puede aplicarse a guías sobre cualquier área de la enfermedad y sobre cualquier punto del continuado proceso de atención sanitaria, incluyendo las que traten sobre la promoción de la salud, salud pública, cribado, diagnóstico, tratamiento o intervenciones. Es adecuado tanto para las guías publicadas en papel como en formato electrónico. En su versión actual el AGREE II no ha sido diseñado para evaluar la calidad de las guías enfocadas a los aspectos organizativos de la atención en salud.

Su papel en la valoración de tecnologías sanitarias todavía no ha sido formalmente evaluado.

¿Quién puede utilizar el AGREE II?

Se pretende que el AGREE II pueda ser utilizado por los siguientes grupos implicados o interesados:

• Por los proveedores de cuidados o atención de la salud que deseen llevar a cabo su propia evaluación de una guía, antes de adoptar sus recomendaciones en su práctica.

• Por los elaboradores de guías para que sigan una metodología de elaboración estructurada y rigurosa, para llevar a cabo una evaluación interna que asegure la calidad de sus guías, o para evaluar guías de otros grupos para su potencial adaptación a su propio contexto.

• Por los gestores y responsables de las políticas de salud para ayudarles a decidir qué guías podrían ser recomendadas para su uso en la práctica, o para orientar decisiones en gestión o políticas de salud.

• Por educadores para ayudar a mejorar las habilidades de evaluación crítica entre profesionales de la salud y para enseñar las competencias fundamentales en el desarrollo y presentación de guías.

¿Cómo puntúa AGREE II?

Cada uno de los ítems del AGREE II y los dos ítems de la evaluación global están graduados mediante una escala de 7 puntos (desde el 1 «Muy en desacuerdo» hasta el 7 «Muy de acuerdo»).

La puntuación entre 2 y 6 se asigna cuando la información respecto al ítem del AGREE II no cumple por completo con todos los criterios o consideraciones. La puntuación se asignará dependiendo del grado de cumplimiento o calidad de la información. La puntuación aumenta en la medida en que se cumplan más criterios y se aborden más consideraciones.

Veamos un ejemplo de cómo se usaría AGREE II:

Para saber si una guía de práctica clínica presenta rigurosidad y calidad en su evaluación, diseño e implementación, debemos usar AGREE. Para ello, debemos responder a las siguientes cuestiones respecto a la guía que estemos usando:

1. El(los) objetivo(s) general(es) de la guía está(n) específicamente descrito(s): En efecto, el objetivo está claramente descrito, por lo que puntuamos con un 7.

2. El(los) aspecto(s) de salud cubierto(s) por la guía está(n) específicamente descrito(s): Desde luego, los aspectos de salud están descritos, por lo que añadimos otro 7.

3. La población (pacientes, público, etc.) a la cual se pretende aplicar la guía está específicamente descrita: Exacto, siendo niños y niñas y adolescentes menores de 18 años, por lo que le ponemos otro 7 (es un ejemplo).

4. El grupo que desarrolla la guía incluye individuos de todos los grupos profesionales relevantes: Son de distintas disciplinas, por lo que le damos un 6.

5. Se han tenido en cuenta los puntos de vista y preferencias de la población diana (pacientes, público, etc.): No, por lo que ponemos un 1.

6. Los usuarios diana de la guía están claramente definidos: En este apartado le damos un 7, puesto que si están definidos.

7. Se han utilizado métodos sistemáticos para la búsqueda de la evidencia: En efecto, puntuamos con un 6.

8. Los criterios para seleccionar la evidencia se describen con claridad: No demasiado, puntuamos con un 2.

9. Las fortalezas y limitaciones del conjunto de la evidencia están claramente descritas: Efectivamente, puntuamos con 6.

10. Los métodos utilizados para formular las recomendaciones están claramente descritos: sí, por lo que añadimos un 6.

11. Al formular las recomendaciones han sido considerados los beneficios en salud, los efectos secundarios y los riesgos: En efecto, le damos una puntuación de 7.

12. Hay una relación explícita entre cada una de las recomendaciones y las evidencias en las que se basan: Sí, existe una clara relación, por lo que le damos otro 7.

13. La guía ha sido revisada por expertos externos antes de su publicación: No queda claro, por lo que puntuamos con un 2.

14. Se incluye un procedimiento para actualizar la guía: No lo presenta, obtiene un 1.

15. Las recomendaciones son específicas y no son ambiguas: Efectivamente, le ponemos un 7.

16. Las distintas opciones para el manejo de la enfermedad o condición de salud se presentan claramente: Sí, y está claramente expuesto, puntuamos con 7.

17. Las recomendaciones clave son fácilmente identificables: Desde luego, obtiene un 7.

18. La guía describe factores facilitadores y barreras para su aplicación: No demasiado claro, por eso puntuamos con 4.

19. La guía proporciona consejo y/o herramientas sobre cómo las recomendaciones pueden ser llevadas a la práctica: Si, y además en diferentes ámbitos, por ello añadimos un 7.

20. Se han considerado las posibles implicaciones de la aplicación de las recomendaciones sobre los recursos: No queda claro, por lo que obtiene un 1.

21. La guía ofrece criterios para monitorización y/o auditoria: No queda claro, por lo que puntuamos con 1.

22. Los puntos de vista de la entidad financiadora no han influido en el contenido de la guía: las entidades financiadoras son Instituto de Salud Carlos III y Ministerio de Sanidad y Consumo (por ejemplo), por ello obtiene un 4.

23. Se han registrado y abordado los conflictos de intereses de los miembros del grupo elaborador de la guía: No queda claro, por lo que obtiene un 2.

Como suma total obtiene 112 puntos, por lo que se podría decir que la guía si presenta cierta calidad y rigurosidad.

Anexo II

Anexo II

Revisiones sistemáticas

Para saber si las revisiones sistemáticas que hemos encontrado tienen calidad y rigor, las podemos evaluar con el instrumento del grupo CASP.

Se trata de un check-list con 10 preguntas, basadas en el artículo de Oxman, Cook y Guyatt [24]. Ejemplo:

1- ¿Se hizo la revisión sobre un tema claramente definido?: Si

2- ¿Buscaron los autores el tipo de artículos adecuados?: Si

3- ¿Crees que estaban incluidos los estudios importantes y relevantes?: Si

4- ¿Crees que los autores de la revisión han hecho suficiente esfuerzo para valorar la calidad de los estudios incluidos?: No

5- Si los resultados de los diferentes estudios han sido mezclados para obtener un resultado "combinado" ¿era razonable hacer eso?: No

6- ¿Cuál es el resultado global de la revisión?: La mayoría de los estudios fueron a corto plazo. Aquellos que se centraron en la combinación de los aspectos dietéticos y actividad física no mejoraron significativamente el IMC, pero algunos estudios que se centraron en el enfoque dietético o en la actividad física mostraron un efecto pequeño pero positivo sobre el IMC. Casi todos los estudios incluidos vieron una cierta mejoría en la dieta o la actividad física (ejemplo).

7- ¿Cuán precisos son los resultados?: Los resultados fueron bastante precisos, pero deberían ser estudiados en investigaciones más profundas.

8- ¿Se pueden aplicar los resultados en tu medio?: Si

9- ¿Se han considerado todos los resultados importantes para tomar la decisión?: Si

10- ¿Los beneficios merecen la pena frente a los perjuicios y costes?: Si

Como resultado final, se puede decir que la revisión presenta cierta calidad y rigurosidad aunque es necesario reconsiderar la adecuación del desarrollo, diseño, duración e intensidad de las intervenciones para prevenir la obesidad en la niñez, además de informar exhaustivamente el alcance y el proceso de la intervención.

Anexo III

Anexo III

Caso hipotético en Atención Primaria

Imaginemos un escenario hipotético en la consulta de atención primaria, donde acude una madre con su hijo que sufre de sobrepeso.

Establecemos una comunicación con ambos, y nos informan de que el motivo de la consulta es porque el hijo está sufriendo burlas por parte de sus compañeros en el colegio y la madre está muy preocupada. Ella pide que le facilitemos una dieta a su hijo para que le ayude a perder peso.

Tras charlar comprendemos que el motivo del sobrepeso es una mala alimentación y la falta de ejercicio; así que informamos a la madre y al hijo de las diferentes formas que existen de perder peso, como por ejemplo una dieta equilibrada y ejercicio regular, y le comentamos los beneficios de llevar una vida saludable. Tras esto, pactamos con ambos que van a seguir nuestros consejos.

Pero se nos plantean varias opciones: la madre obligará al hijo a seguir una dieta cuando éste no quiere, y esto hará que no entienda la importancia de llevar una vida saludable; o el hijo entenderá la importancia de estar sano, conseguirá estar en forma y mantenerse así a lo largo de su vida; o ambos al ver el esfuerzo que deben realizar, abandonarán en el intento; o a pesar de todo, el hijo seguirá con una mala alimentación y falta de ejercicio, y seguirá con el aumento de peso, llegando a ser un adulto con obesidad.

Como reflexión personal y como profesionales de la salud, debemos plantearnos si con nuestra actuación hemos hecho todo lo que estaba en nuestras manos o podríamos haber llevado a cabo una actuación diferente que hiciera más conscientes tanto a la madre como al hijo de la importancia de estar sanos.

Además, ¿deberíamos hacer un seguimiento tras la primera consulta para ver si mejora la situación del niño? ¿Debemos hacer más partícipes a los padres en la alimentación de sus hijos? ¿Llegará ese niño a ser un adulto con problemas de obesidad y con las consecuencias que eso conlleva?

Todas estas dudas, debemos planteárnoslas como profesionales de la salud que somos, para saber si estamos llevando a cabo una buena actuación o podemos mejorarla.

Anexo IV

Anexo IV

Conjunto de recomendaciones sobre la promoción de alimentos y bebidas no alcohólicas dirigida a los niños.

Organización Mundial de la Salud [25].

RECOMENDACIÓN 1

La finalidad de las políticas debe ser reducir el impacto que tiene sobre los niños la promoción de alimentos ricos en grasas saturadas, ácidos grasos de tipo trans, azúcares libres o sal.

RECOMENDACIÓN 2

Dado que la eficacia de la promoción depende de la exposición y el poder del mensaje, el objetivo general de las políticas debe ser reducir tanto la exposición de los niños como el poder de la promoción de los alimentos ricos en grasas saturadas, ácidos grasos de tipo trans, azúcares libres o sal.

RECOMENDACIÓN 3

Para lograr la finalidad y los objetivos de las políticas, los Estados Miembros deben considerar diferentes métodos, es decir, el progresivo o el integral, para reducir la promoción de alimentos ricos en grasas saturadas, ácidos grasos de tipo trans, azúcares libres o sal dirigida a los niños.

RECOMENDACIÓN 4

Los gobiernos deben establecer definiciones claras de los componentes esenciales de las políticas que permitan un proceso de aplicación normalizado. Esto facilitará la aplicación uniforme, con independencia del organismo que se encargue de ella.

Al establecer las definiciones esenciales, los Estados Miembros tienen que reconocer y abordar cualquier desafío nacional específico con miras a obtener el máximo impacto de las políticas.

RECOMENDACIÓN 5

Los entornos donde se reúnen los niños deben estar libres de toda forma de promoción de alimentos ricos en grasas saturadas, ácidos grasos de tipo trans, azúcares libres o sal. Dichos entornos incluyen, sin carácter limitativo, guarderías, escuelas, terrenos escolares, centros preescolares, lugares de juego, consultorios y servicios de atención familiar y pediátrica, y durante cualquier actividad deportiva o cultural que se realice en dichos locales.

RECOMENDACIÓN 6

Los gobiernos deben ser la parte interesada clave en la formulación de las políticas y aportar el liderazgo, mediante una plataforma múltiple de partes interesadas, para la aplicación, la vigilancia y la evaluación. Al establecer el marco normativo nacional, los gobiernos pueden optar por asignar funciones definidas a otras partes interesadas, sin menoscabo de proteger el interés público y evitar los conflictos de intereses.

RECOMENDACIÓN 7

Teniendo en cuenta los recursos, los beneficios y las cargas de todas las partes interesadas involucradas, los Estados Miembros deben considerar el método más eficaz para reducir la promoción de alimentos ricos en grasas saturadas, ácidos grasos de tipo trans, azúcares libres o sal dirigida a los niños. El método que se elija deberá establecerse dentro de un marco concebido para lograr los objetivos de las políticas.

RECOMENDACIÓN 8

Los Estados Miembros deben cooperar para poner en juego los medios necesarios para reducir el impacto de la promoción transfronteriza (de entrada y de salida) de alimentos ricos en grasas saturadas, ácidos grasos de tipo trans, azúcares libres o sal dirigida a los niños, con objeto de que las políticas nacionales logren el máximo impacto posible.

RECOMENDACIÓN 9

El marco normativo debe especificar los mecanismos de cumplimiento y establecer sistemas para su aplicación. Esto debe incluir definiciones claras de las sanciones y podría incorporar un sistema para la presentación de quejas.

RECOMENDACIÓN 10

Todos los marcos normativos deben incluir un sistema de vigilancia para velar por la observancia de los objetivos establecidos en las políticas nacionales, valiéndose para ello de indicadores claramente definidos.

RECOMENDACIÓN 11

Los marcos normativos deben incluir también un sistema para evaluar el impacto y la eficacia de las políticas sobre su finalidad general, valiéndose para ello de indicadores claramente definidos.

RECOMENDACIÓN 12

Se alienta a los Estados Miembros a recabar la información existente sobre la magnitud, la naturaleza y los efectos de la promoción de alimentos dirigida a los niños dentro del territorio nacional. Se les alienta asimismo a apoyar nuevas investigaciones en esta esfera, especialmente las que vayan dirigidas a aplicar y evaluar políticas para reducir el impacto sobre los niños de la promoción de alimentos ricos en grasas saturadas, ácidos grasos de tipo trans, azúcares libres o sal.

Bibliografía

- [1, 2, 3, 4, 5, 11, 12] Who.int/es/, Obesidad y sobrepeso [Internet]. Organización Mundial de la Salud: who.int/es/; 2012 [acceso 10 de junio de 2012]. Disponible en: http://www.who.int/mediacentre/factsheets/fs311/es/

- [6, 14] Raya Ortega L. de la Rosa, Monroy Morcillo A, González Carrión P. La obesidad en la edad adulta es un potente predictor de la mortalidad [Internet] 2011 [acceso 3 de febrero de 2012]. Disponible en: http://www.bibliotecacochrane.com/BCPRECORDSTOP.ASP?SessionID=6018101&LineID=3548837&SearchFor=%28ESTUDIO+COHORTE+OBESIDAD%29%3ATA

- [7] Collins CE, Warren JM, Neve M, McCoy P, Stokes B. Systematic review of interventions in the management of overweight and obese children which include a dietary component. International Journal of Evidence-Based Healthcare. 2007; 5 (1): 2-53.

- [8, 10] Barton M. Childhood obesity: a life-long health risk. Acta Pharmacol Sin. 2012; 33 (2): 189-93.

- [9, 13] Groth SW, Morrison-Beedy D. Obesity risk in urban adolescent girls: nutritional intentions and health behavior correlates. JNY State Nurses Assoc. 2011; 42 (1-2): 15-20; quiz 26-8.

- [15] Dobbins M, DeCorby K, Robeson P, Husson H, Tirilis D. School-based physical activity programs for promoting physical activity and fitness in children and adolescents aged 6-18 [Internet]. 2009 [acceso el 3 de febrero de 2012]. Disponible en: http://www.ncbi.nlm.nih.gov/pubmed/19160341

- [16] GuiaSalud, Guía de Práctica Clínica sobre la prevención y el tratamiento de la obesidad infantojuvenil [Internet]. GuiaSalud; 2009 [actualizada el 16 de diciembre de 2009; acceso el 1 de febrero de 2012]. Disponible en: http://portal.guiasalud.es/web/guest/catalogo-gpc

- [17] Summerbell CD, Waters E, Edmunds LD, Kelly S, Brown T, Campbell KJ. Interventions for preventing obesity in children [Internet]. 2005 [acceso el 3 de febrero de 2012]. Disponible en: http://www.ncbi.nlm.nih.gov/pubmed/16034868

- [18, 22] Luttikhuis HO, Baur L, Jansen H, Shrewsbury VA, O'Malley C, Stolk RP, et al. Interventions for treating obesity in children [Internet]. 2009 [acceso el 2 de febrero de 2012]. Disponible en: http://onlinelibrary.wiley.com/doi/10.1002/ebch.462/abstract

- [19] Poobalan A. Prevention of childhood obesity: A review of systematic reviews [Internet]. 2008 [acceso el 5 de febrero de 2012]. Disponible en: http://www.health-evidence.ca/articles/show/20042

- [20] Kropski JA, Keckley PH, Jensen GL. School-based obesity prevention programs: An evidence-based review. Obesity (Silver Spring). 2008; 16 (5): 1009-18.

- [21] Gonzalez-Suarez C, Worley A, Grimmer-Somers K, Dones V. School-based interventions on childhood obesity: A meta-analysis. American Journal of Preventive Medicine. 2009; 37 (5): 418-27.

- [23] Melissa C Brouwers Investigadora Principal. AGREE Next Steps Consortium Universidad McMaster, Hamilton, Ontario, Canadá, DR. GP. BROWMAN, British Columbia Cancer Agency, Vancouver Island, Canadá, DR. JS. BURGERS, Dutch Institute for Healthcare Improvement CBO, Holanda, DR. F. CLUZEAU, Chair of AGREE Research Trust; St. George's Hospital Medical School, London, RU, DR. D. DAVIS, Association of American Medical Colleges, Washington, DC, USA, DR. G. FEDER, University of Bristol, RU, et al. INSTRUMENTO AGREE II [Internet]. 2009. Available from: http://www.guiasalud.es/contenidos/documentos/Guias_Practica_Clinica/Spanish-AGREE-II.pdf

- [24] Oxman AD, Cook DJ, Guyatt GH, Bass E, Brill-Edwards P, Browman G, et al. Users' Guides to The Medical Literature: VI How to use an overview. The Journal of the American Medical Association. 1994; 272 (17): 1367-1371.

- [25] Organización Mundial de la Salud. Conjunto de recomendaciones sobre la promoción de alimentos y bebidas no alcohólicas dirigida a los niños. 2010.

www.ingramcontent.com/pod-product-compliance
Lightning Source LLC
Chambersburg PA
CBHW081050170526
45158CB00006B/1923